BEI GRIN MACHT SICH IHR WISSEN BEZAHLT

AF141493

- Wir veröffentlichen Ihre Hausarbeit,
  Bachelor- und Masterarbeit

- Ihr eigenes eBook und Buch -
  weltweit in allen wichtigen Shops

- Verdienen Sie an jedem Verkauf

Jetzt bei www.GRIN.com hochladen
und kostenlos publizieren

GRIN

Uwe Daniels

Finanzplatzwettbewerb in Europa - Paris, London und Frankfurt

GRIN Verlag

Bibliografische Information der Deutschen Nationalbibliothek:

Die Deutsche Bibliothek verzeichnet diese Publikation in der Deutschen National-
bibliografie; detaillierte bibliografische Daten sind im Internet über http://dnb.d-
nb.de/ abrufbar.

Impressum:

Copyright © 2002 GRIN Verlag GmbH
Druck und Bindung: Books on Demand GmbH, Norderstedt Germany
ISBN: 978-3-638-64300-9

Dieses Buch bei GRIN:

http://www.grin.com/de/e-book/13626/finanzplatzwettbewerb-in-europa-paris-
london-und-frankfurt

GRIN - Your knowledge has value

Der GRIN Verlag publiziert seit 1998 wissenschaftliche Arbeiten von Studenten, Hochschullehrern und anderen Akademikern als eBook und gedrucktes Buch. Die Verlagswebsite www.grin.com ist die ideale Plattform zur Veröffentlichung von Hausarbeiten, Abschlussarbeiten, wissenschaftlichen Aufsätzen, Dissertationen und Fachbüchern.

Besuchen Sie uns im Internet:

http://www.grin.com/

http://www.facebook.com/grincom

http://www.twitter.com/grin_com

Geographisches Institut der RWTH Aachen

Hauptseminar: Wirtschaftsgeographische Analyse von Globalisierungsprozessen

Sommersemester 2002

Referent: Uwe Daniels

Abgabedatum: 13. 5. 2002

Finanzplatzwettbewerb in Europa -
London, Paris und Frankfurt

Inhaltsverzeichnis

1. Vorwort

In der vorliegenden Arbeit wird der Finanzplatzwettbewerb in Europa mit seinen drei Hauptfinanzzentren London, Paris und Frankfurt im Rahmen der Globalisierung dargestellt.

Das Finanzwesen unterliegt zur Zeit einen raschen Wandel. Die Einführung des Euro in den meisten EU – Ländern, die Finanzkrise in Asien sowie die Fusionswelle bei Banken und Versicherungen weisen auf Veränderungen mit globalen Ausmaßen hin.

Zur Erläuterung der Thematik dieser Arbeit soll zunächst der Frage, was ein Finanzplatz denn eigentlich zu einem solchen macht, nachgegangen werden. In den weiteren Punkten wird dargelegt, wie die Finanzplätze London, Paris und Frankfurt im einzelnen aussehen. Hier wird auf die historische Entwicklung des Finanzplatzes eingegangen, aber auch auf seine Bedeutung für die Stadt und das Land. Darüber hinaus wird seine Stellung in Europa untersucht. Weiterhin soll der Finanzplatzwettbewerb in Europa sowie die Zukunft des europäischen Finanzmarkt in einer Welt ohne Grenzen dargelegt werden.

Die Literaturlage ist ein wenig geteilt. Es gibt eine große Anzahl an Büchern und Artikeln in Fachzeitschriften, die sich mit Finanzen und oder mit der Globalisierung allgemein beschäftigen. Die Literatur, welche die Finanzplätze direkt beschreibt ist im deutschsprachigen Raum hingegen relativ gering. Dies trifft nicht auf Frankfurt zu, wohl aber auf die Dokumentation über Paris und London. Hier muss man auf eine kleinere Auswahl deutschsprachiger Literatur beschränken oder aber auf die in englischer und französischer Sprache erschienenen verschiedene Literatur zurück greifen. Auch ist zu bedenken, das für die eine Arbeit, welche einen so aktuellen Bezug wie diese aufweist, erst Literatur ab dem Erscheinungsjahr 1990 in Frage kommen sollte.

2. Was ist ein Finanzplatz?

Für Finanzplätze oder Finanzzentren, wie sie auch genannt werden, gibt es eine hierarchische Ordnung. Finanzplätze lassen sich in vier Arten unterteilen. Als erstes gibt es die inländischen Finanzplätze. Sie sind hauptsächlich für eine inländische Kundschaft zuständig. An zweiter Stelle kommen die regionalen Finanzzentren mit einer Bedeutung über die Landesgrenzen hinaus. Diese reicht für eine ganze Wirtschaftsregion. Die dritte Position wird von den sogenannten Offshore - Plätzen eingenommen, welche sich durch geringe Steuerbelastung und Regulierungsdichte auszeichnen. Sie haben meist wenig mit dem jeweiligen Steuersystemen ihrer Mutterländer zu tun. An vierter Stelle stehen die großen globalen Finanzplätze. Sie befriedigen die Bedürfnisse einer weltweiten Kundschaft.[1]

Die drei Finanzplätze, London, Paris und Frankfurt a. M., gehören zu der Kategorie der globalen Finanzplätze. Diese Finanzzentren sind Knotenpunkte des globalen Finanzsystems Zu diesen bedeutenden Zentren gehören weltweit auch noch New York, Tokio, Hongkong und Singapur.[2]

Die Finanzsysteme waren durch das internationale System von Bretton Woods mit festen Wechselkursen und dem Dollar als Leitwährung reguliert. Der internationale Währungsfonds, die Weltbank und die nationalen Zentralbanken überwachten und koordinierten die Finanzaktionen. Erst mit dem Zerfall dieses Systems 1973 verbreiteten sich aufgrund von Deregulierung und Liberalisierung die privaten Banken.[3]

Einen modernen Finanzplatz zeichnet mehr als eine bestimmte Anzahl von Banken, Versicherungen, Börsen und Finanzdienstleistern aus. Dieser beinhaltet als Strukturelemente die Organisation und Technik des Marktes, die intellektuelle Infrastruktur, sowie die für ihn geltenden gesetzlichen und administrativen Regelungen.[4]

Die meisten Finanzzentren sind durch ihre kleinräumige Konzentration der wichtigsten Elemente gekennzeichnet. Meist sind sie auf wenige Straßenzüge in einem Ortsteil beschränkt. Eine solche Konzentration ist ein Qualitätsmerkmal. Diese Zusammenballungen entstehen zumeist durch historisch gewachsene Strukturen. Das bedeutet, dass ein Bankenviertel an dieser Stelle schon seit Jahrzehnten oder Jahrhunderten besteht. Aufgrund der mangelhaften Kommunikationsmöglichkeiten war diese Nähe zueinander in der Vergangenheit eine geschäftliche Voraussetzung.[5]

---

[1] Vgl. Holtfrerich, Finanzplatz Frankfurt, 1999, S. 17.
[2] Vgl. Bördlein, Finanzdienstleistungen in Frankfurt..., 1999, S. 73.
[3] Vgl. Nuhn, Globalisierung und..., 1997, S. 136.
[4] Siehe Anm. 2, S. 73.
[5] Vgl. Bördlein, Finanzdienstleistungen in Frankfurt..., 1999, S. 74.

Durch die modernen Kommunikationsmittel diese Konzentration heute nicht mehr notwendig und das tägliche Routinegeschäft wird auch durch verschiedene Kommunikationsmittel wie Email, Telefon, Telefax und Videokonferenz durchgeführt. Die großen Geschäfte werden aber durch persönliche Kontakte und Vertrauen getätigt.[6] Insgesamt bieten die Agglomerationen als Finanzplatz einige Vorteile. Durch die Größenvorteile entsteht eine Konzentration von spezialisierten Dienstleistern und es gibt einen Pool an qualifizierten Arbeitskräften sowie eine große Auswahl an Geschäftspartnern. Die Nähe hält die Kosten für eine Informationsinfrastruktur gering. Durch die räumliche Nähe besteht ein hoher Informationsaustausch und eine flexible Zusammenarbeit. Weiterhin bieten sich die Möglichkeiten komplexer Verhandlungen und ein Austausch von vertraulichen Informationen. Dies alles macht einen globalen Finanzplatz zu solch einem.[7]

Der Finanzsektor ist in den vergangenen Jahren schneller gewachsen und hat sich stärker verändert als jeder andere Wirtschaftsbereich. Zudem ist der Anteil der Finanzwirtschaft an der gesamten Wertschöpfung eines Landes gestiegen. Ein global bedeutender Finanzplatz mit zukunftsträchtigen Arbeitsplätzen ist für einen reibungslosen Ablauf von Finanzierungsvorgängen in einer Volkswirtschaft von großer Bedeutung.[8]

Durch Deregulierung in weiten Teilen der an der Weltwirtschaft maßgeblich beteiligten Länder ist Geld und Kapital aus dem nationalen Korsett befreit wurden. Ein vorläufiger Höhepunkt dieser Entwicklung stellt sicher die Einführung einer gemeinsamen Währung in den Ländern der Europäischen Union dar (mit Ausnahme von Dänemark, Schweden und Großbritannien). Durch die neuen Telekommunikationsmöglichkeiten können die Finanzmärkte nun ohne Pause weltweit agieren, die Möglichkeit von Investitionen sind global ohne größere Probleme möglich.[9]

Auf den Finanzmärkten treten heute neben Banken und Börse auch Fonds, Versicherungen und Großunternehmen in Erscheinung. Die Bedeutung der internationalen Finanzplätze für die Wirtschaft des jeweiligen Landes und für die weltweite Wirtschaft ist dadurch nur weiter angestiegen.[10]

[6] Vgl. Bördlein, Finanzdienstleistungen in Frankfurt..., 1999, S. 74ff.
[7] Vgl. Lo u. Schamp, Finanzplätze auf globalen..., 2001, S. 27.
[8] Vlg. Haller, Rahmenbedingungen für einen international..., 1994, S. 35.
[9] Vgl. Tietmeyer, Globale Finanzmärkte und Währungspolitik, 1995, S. 4ff.
[10] Ders., S. 4ff.

3. Der Finanzplatz London

London zählt heute zu den „Global Citys" und ist insbesondere auf dem Finanzsektor einer der führenden Umschlagplätze für globale Finanztransfers. Amerikanische, europäische und japanische Firmen haben Schaltstellen und Firmenvertretungen in London positioniert. London besitzt die führende Rolle im Aktienhandel. [11] Wie London zu diesen Finanzzentrum werden konnte und welche Rolle London heute als Finanzplatz in der Welt einnimmt, verdeutlicht das folgende Kapitel.

3.1 Historische Entwicklung

Bereits im 17. Jahrhundert begann Londons Entwicklung zu einem Finanzplatz. Hierbei gab es allerdings keine festen Örtlichkeiten zur Abwicklung der Geschäfte. Vielmehr trafen sich Investoren und Geschäftsleute zu Geschäftsabwicklungen in den Kaffeehäusern. Zur Finanzierung größerer Handelsgeschäfte wurden Aktiengesellschaften gegründet.[12]

1694 wurde die englische Nationalbank gegründet und gab dem Staat die Möglichkeit, sich ebenfalls an Geldgeschäften zu beteiligen. Die beginnende Industrialisierung des ausgehenden 18. und beginnenden 19. Jahrhunderts, verursachte einen hohen Finanzierungsbedarf und führte zur Gründung verschiedener Lokalbörsen.[13]

Mit der Unterzeichnung eines Dokuments, „Deed of Settlements" genannt, wurde am 27. März 1802 offiziell die Londoner Börse gegründet. London war zu dieser Zeit der Mittelpunkt des sich entfaltenden Welthandels. So waren in der Stadt bedeutende Bank– und Finanzeinrichtungen ebenso wie Handels– und Schifffahrtsgesellschaften vertreten. Nach dem Sieg über Napoleon 1815 wurde Großbritannien endgültig zur führenden Weltmacht mit dem Finanzzentrum London.[14] Ein Großteil (etwa 50%) der weltweiten Kapitalflüsse 1914 gingen von London aus. Sei der Regierungszeit Von M. Thatcher (1979-1991) gilt London als überaus liberaler Finanzplatz.[15] Der Finanzplatz London hat maßgeblich das Gesicht der Stadt im Zentrum mit repräsentativen Gebäuden und einer großen Bevölkerungskonzentration geprägt.[16] Diese Funktion und Bedeutung hat London bis heute beibehalten.

---

[11] Vgl. Sassen. Machbeben, 2000, S. 121ff.
[12] Vgl. Beer, Die wichtigsten Börsen..., 1992, S. 226.
[13] Dies, S. 226.
[14] Vgl. Heineberg, Großbritannien, 1997, S. 100.
[15] Vgl. Gayler, Geographical Excursions in London, 1996, S. 22.
[16] Siehe Anm. 14, S. 101.

3.2 Der Finanzplatz London und seine Bedeutung in der Welt

Der Finanzplatz London ist auch ohne eine Beteiligung Großbritanniens an der neuen Eurowährung der führende Finanzplatz in Europa geblieben. Das war der Fachpresse bereits 1998, also noch vor der Euro Einführung, zu entnehmen. Für eine Gefährdung Londons als wichtigster Finanzplatz in Europa ist dessen Stellung einfach zu stark.[17] Bedeutsam für den Finanzplatz London war die Tatsache, dass das Britische Pfund bis 1945 als die wichtigste Reservewährung der Welt galt. Die Herausragende Stellung Londons erlitt jedoch im 20. Jahrhundert infolge der beiden Weltkriege erhebliche Rückschläge. So wurde das Britische Pfund durch den Dollar als Leitwährung und stärkster Währung der Welt nach 1945 verdrängt. Dennoch blieb London bis heute einer der führenden Finanzplätze in der Welt.[18] Die folgende Tabelle[19], in welcher die Hierarchie der internationalen Bank und Finanzzentren im Zeitraum von 1900 – 1980 zu sehen ist, macht diese Spitzenposition Londons deutlich.

Londons Stellung innerhalb der Hierarchie der internationalen Bank - und Finanzzentren 1900 - 1980

1900	1930	1960	1980	2000
1. London	1. London	1. London	1. London	1. New York
2. New York	2. New York	2. New York	2. New York	2. London
3. Paris	3. Paris	3. Paris	3. Paris	3. Frankfurt
4. Hongkong	4. Yokohama	4. Tokyo	4. Frankfurt	4. Tokio
	5. Berlin	5. Hongkong	5. Tokio	5. Paris

Quelle: Heineberg, Großbritannien und eigene Bearbeitung

Bemerkenswert ist an dieser Darstellung, das die ersten drei Positionen stets in der Reihenfolge London, New York und Paris besetzt sind. Hingegen ist Frankfurts vierte Position erst in dem Zeitraum 1960 – 1980 zustande gekommen. Den größten Aktienmarkt ebenso wie den größten Kapitalmarkt besitzt heute New York.[20] Weiterhin ist festzustellen, das 1980 drei europäische Zentren in dieser Liste aufgetreten sind, die Konkurrenz in Europa also recht groß ist. London ist neben Paris die einzige europäische Metropole mit Weltgeltung auch außerhalb des Wirtschafts – und Finanz-

---

[17] Vgl. Der Tagesspiegel, Zwischen Ural und..., 25. 01. 1998.
[18] Vgl. Storck, Globalisierung und EWU, 1998, S. 54.
[19] Tabelle: Heineberg, Großbritannien, 1997, S. 251.
[20] Vgl. Sassen, Machtbeben, 2000, S. 124.

sektor. Innerhalb und am Rande der Londoner City konzentrieren sich auf einigen wenigen Quadratkilometern die bedeutendsten Banken des Landes sowie etwa 400 Banken aus dem Ausland. Die Karte[21] auf der folgenden Seite zeigt, dass auf einem Quadratkilometer das Finanzzentrum in der City of London liegt. Ein weiterer Finanzbereich entwickelt sich in den Londoner Docklands, einem ehemaligen Hafenviertel. Überhaupt hat der Dienstleistungsbereich in London gegenüber der Industrie eine höhere Bedeutung.[22] Die folgende Karte[23] unterstreicht die Bedeutung Londons als Sitz von außereuropäischen Tochterbanken und Zweigstellen.

Verteilung von Tochterbanken und Zweigstellen der außereuropäischen Kreditinstitute auf Bankplätzen in Westeuropa im Jahre 1992

---

[21] Karte: Diercke Weltatlas, 1996, S.92.
[22] Vgl. Green, London..., 1991, S. 34ff.
[23] Karte: Rebitzer, Internationale Steuerungszentralen, 1995, S. 150.

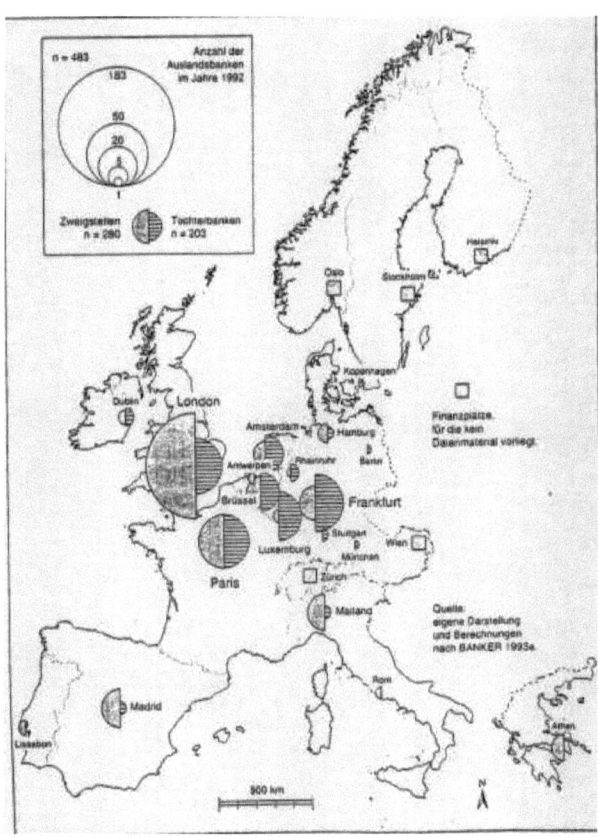

London Innenstadt mit Finanzzentrum

(Aus: Diercke Weltatlas, 1996, S. 92)

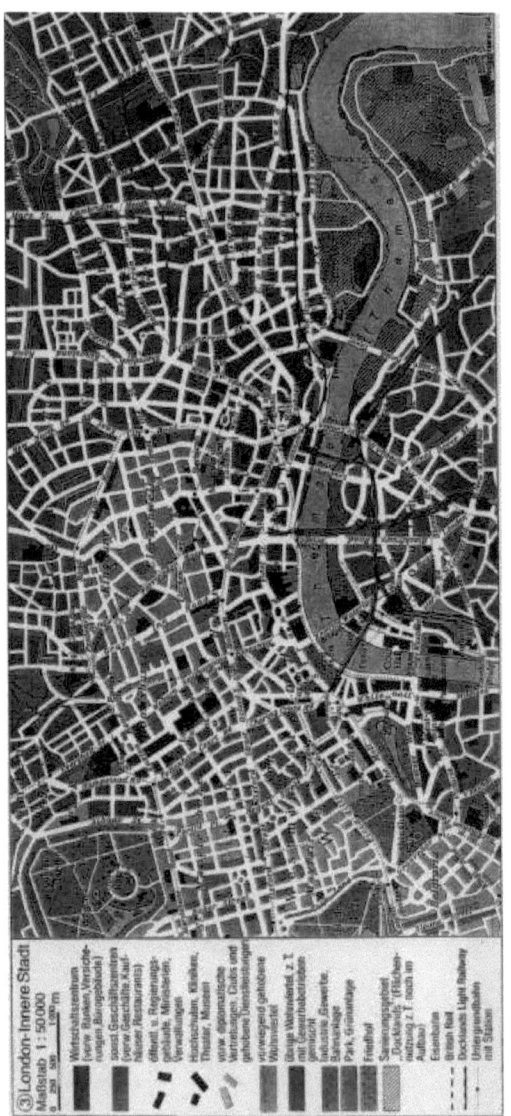

Ende der 1980er Jahre waren über 270.000 Personen im Bereich der Banken und Finanzdienstleistungen beschäftigt. Dies macht London zum zweitgrößten Finanzplatz der Welt hinter New York.[24] Die Karte auf Seite 8 zeigt an, das 38% aller Auslandsbanken in Europa sich in London niedergelassen haben. An zweiter Position folgt hier Paris vor Frankfurt und weiteren Finanzmetropolen wie Zürich, Luxemburg und Brüssel. Bei den Tochterbanken ist die Verteilung gleichmäßiger. Diese werden in London, Paris, Frankfurt und Luxemburg gegründet.

Die Auslandsbanken haben einen Anteil von 70% an den Bankanlagen, die Londoner City kann auch als japanischer und US– amerikanischer Finanzplatz gesehen werden. London ist der größte Handelsplatz für Dollargeschäfte, Devisen und Aktien.[25] Außereuropäische Unternehmen und Banken nehmen meist London als Ausgangspunkt und ersten Sitz für eine Filiale in Europa. Hier spielt natürlich die geringere sprachliche Barriere eine Rolle.[26]

Was aber macht die herausragende Bedeutung von London aus? Nun, wie bereits erwähnt, hat London schon seit dem 17. Jahrhundert eine große Bedeutung im Finanzsektor. Weiterhin blieben Verbindungen zu den zahlreichen ehemaligen Kolonien auf dem Wirtschaftssektor erhalten. An dritter Stelle währe zudem zu erwähnen, das der Finanzplatz London als liberal gilt und die britische Wirtschaftspolitik Vertrauen genießt.[27]

Auch besitzt London als Weltstadt Vorteile. Hier sitzen internationale Behörden, der Flughafen Heathrow ist einer der großen internationalen Flughäfen. Ein Nachteil von London sind natürlich die hohen Mieten und Grundstückspreise sowie Platzmangel im Zentrum. Der Devisenmarkt London kann aufgrund der geographischen Lage mit Hongkong, Tokyo und New York in Verbindung treten.[28]

Der Aktienhandel, in dem London führend ist, hat Ende 1997 eine Anlage von 1,8 Billionen Dollar aufgewiesen. Das Börsenkapital ergab Mitte 1998 mit 2 Billionen Dollar einen doppelt so hohen Wert wie Frankfurt und Paris. London fehlt jedoch die Finanzierungstechnik New Yorks und Anhäufung von Geldreserven wie in Tokyo. Auch die Nichtteilnahme an der Euro Währung ist ein Nachteil. Londons Stärke hängt von amerikanischen Investoren und europäischen Firmen ab, welche Zweitsitze in der

---

[24] Vgl. Heineberg, Großbritannien, 1997, S. 250ff.
[25] Vgl. Gaebe, Die Dynamik der internationalen..., 1989, S. 57ff.
[26] Vgl. Rebitzer, Internationale Steuerungszentralen, 1995, S. 148
[27] Siehe Anm.24, S. 251ff.
[28] Ders., S. 252.

Stadt errichten.[29] Der Finanzplatz London ist mit den Ländern der Währungsunion eng verbunden. Etwa ein Sechstel der Arbeitskräfte in der Londoner Innenstadt betreuen Kunden vom Kontinent. Diese Arbeitsplätze und der Londoner Finanzmarkt könnten durch die Abwesenheit vom Euro- Markt Verluste erleiden.[30]

4. Der Finanzplatz Paris

Der Finanzplatz Paris ist nach London der zweitgrößte in Europa und zählt zu den Global Citys. Paris ist bekanntermaßen ja in vielen Bereichen der Kultur, Politik und Wirtschaft eine weltweit geachtete und geliebte Stadt. Im Bereich der Finanzen nimmt sie im zentralistisch ausgeprägten Frankreich natürlich mit Abstand vor anderen kleineren Finanzplätzen, wie Lyon, die Spitzenposition ein.[31]

Dieses Kapitel soll die Entwicklung des Finanzplatz Paris und seine heutige Stellung in der Welt darstellen.

4.1 Historische Entwicklung

Die Geldgeschäfte von Paris lassen sich bis in das 12. Jahrhundert zurückverfolgen. Zu dieser Zeit bestimmte der König die Brücke „Grand Pont" als alleinigen Ort für die Abwicklung von Wechselgeschäften. Die Pariser Börse wurde dann im Jahre 1724 gegründet. 1826 wurde das Gebäude der Börse eingeweiht.[32]

Einen so bedeutenden Status wie London konnte Paris jedoch nicht einnehmen. Die Kolonien gingen bis zur Gründung eines Kolonialreiches in Afrika ab 1830 immer wieder verloren und auch die neuen Kolonien waren wirtschaftlich längst nicht so ertragreich wie die Kolonien Englands. Auch war Frankreich politisch weniger beständig als Großbritannien.[33] Dennoch wurde auch Paris zu einem der bedeutendsten Finanzplätzen in Europa. Dies belegt auch die Tabelle auf Seite sechs dieser Arbeit.

Im Gegensatz zu London wurde der Finanzplatz in Paris aber stärker von Seiten des Staates kontrolliert und reglementiert. Eine direkte Leitung der Bankenbranche gab es aber nicht. Die Banken arbeiteten wie freie Unternehmen. Erst mit der Weltwirtschaftskrise ab 1929 nahm der staatliche Einfluß zu. Der Staat verweigerte bedrohten Regionalbanken die Unterstützung und gewährte sie den großen Pariser Banken.

---

[29]Vgl. Sassen, Machtbeben, 2000, S. 122ff.
[30] Vgl. Der Tagesspiegel, Trends. Karten im ..., 5. 7. 1998,
[31] Siehe Anm.29, S. 109.
[32] Vgl. Beer, Die wichtigsten Börsen Europas, 1992, S. 380.
[33] Vgl. Pletsch, Frankreich, 1997, S. 84ff.

Dies hatte zur Folge, dass diese die Regionalbanken übernehmen konnten und sich so die Position und Konzentration auf den Finanzplatz Paris noch verstärkte.[34] Ab 1945 wurde die Kontrolle der Banken verstärkt und einige Banken wie z.b. die Banque de France wurden verstaatlicht. Die letzte Welle der Verstaatlichung der Banken erfolgte 1982. Jedoch wurden auch schon vorher Sparkassen und Volksbanken vom Finanzministerium kontrolliert und einige halböffentliche Institute unterstehen dessen Aufsicht.[35]

Allerdings ist der Französische Finanzmarkt heute weitgehend dereguliert. So lockerte das Finanzministerium 1986 die Devisenverkehrsbeschänkungen weitgehend und hob sie 1989 ganz auf. Auch der Zahlungsverkehr wurde erleichtert. Diese Liberalisierungsmaßnahmen förderten den Ausbau der Finanzdienstleistungen und machten Paris zum heute größten europäischen Markt für Investmentfonds.[36]

4.2 Finanzplatz Paris

Der Finanzplatz Paris ist heute ein einheitlicher Markt für alle Arten von Kapitalgeschäften. Dazu gehört der Aktienhandel, Geschäfte mit Tagesgeld, der Rentenmarkt, langfristige Anlagen und anderes mehr. Dem Wertpapier- und Kapitalverkehr sind heute keine technischen, steuerlichen und gesetzlichen Hindernisse gesetzt. Mit einem Börsenkapital von 791 Milliarden Dollar nimmt Paris nach New York, Tokio, London und Frankfurt den fünften Platz ein.[37]

Das größte Segment bildet der Rentenmarkt. Innerhalb Frankreichs ist der Finanzmarkt Paris ohne Konkurrenz. Alle Großbanken des Landes haben ihren Sitz in Paris und auch für die Regionalbanken ist Paris der Entscheidungsträger, denn dort sitzen die Hauptverwaltungen. Eine wichtige Institution ist die Wertpapierbörse. Sie stellt den entscheidenden Markt für die Kapitalbeschaffung– und Verteilung dar.[38]

Der Finanzmarkt in Frankreich ist im Grunde von der Pariser Börse abhängig. Dies stellt Frankreich in einen Gegensatz zu Deutschland und seinem förderalistischen System, denn hier existieren hinter Frankfurt mit Hamburg, Berlin u.a. noch weitere bedeutende Finanzplätze. Die Pariser Börse zählt zu den vier größten in Europa.[39]

Räumlich konzentriert sich das Finanzzentrum in Paris wie in den anderen Städten

---

[34] Vgl. Brücher, Zentralismus und Raum..., 1992, S. 164.
[35] Ders., S.164.
[36] Vgl. Storck, Globalisierung und EWU, 1998, S. 64ff.
[37] Vgl. o. V.: Banken und Versicherungen, 2002, S. 2.
[38] Vgl. Sassen, Machtbeben, 2000, S. 167ff.
[39] Dies., S. 168.

auch hier auf wenige Straßenzüge. Die Karte[40] auf der folgenden Seite zeigt, wie sich das Finanzzentrum der Stadt nördlich und südlich der Champs Elysees ausgebreitet hat. Im Osten wird es durch den Triumphbogen und im Westen durch den Louvre begrenzt. Ein weiteres Dienstleistungs – und Finanzzentrum hat sich in Paris mit dem neu gestalteten und gebauten Stadtteil „La Defense" entwickelt.[41]Auffallend ist die hohe Kapitaldecke der französischen Banken. Sie liegt mit durchschnittlich 2,9 Milliarden Dollar dreimal so hoch wie die deutschen Banken und um 1,2 Milliarden höher als die Banken in Großbritannien.[42] Die folgende Karte[43] legt dar, dass Paris von den bilanzstärksten Banken in Europa die meisten beheimatet.

Firmensitze der 100 bilanzstärksten Banken in Westeuropa im Jahr 1993

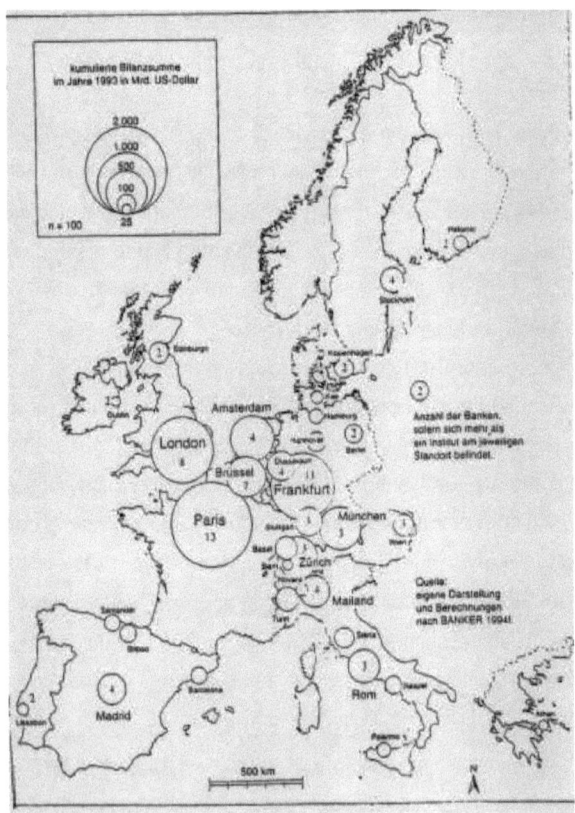

---

[40] Karte: Diercke Weltatlas, 1996, S. 93.
[41] Vgl. Pletsch, Paris auf sieben Wegen, 2000, S. 115ff.
[42] Vgl. Rebitzer, Internationale Steuerungszentralen, 1995, S. 145.
[43] Karte: Rebitzer, Internationale Steuerungszentralen, 1995,S. 146.

Die Pariser Innenstadt

(Aus: Diercke Weltatlas, 1996, S. 93)

Diese Firmensitze verteilen sich auf 33 Bankplätze. Mit dreizehn Sitzen ist Paris vor Frankfurt mit elf und London mit acht Sitzen der beliebteste. Dies hat zur Folge, dass Paris auch 21% der Bilanzsumme sein eigen nennt. Etwas weniger als die Hälfte der Bilanzsumme geht an Paris, Frankfurt und London. Dies untermauert deren herausragende Position in Europa.[44]

Bei den internationalen Finanzgeschäften bindet Paris 36% der Bilanzsumme vor London mit 23% sowie vor Zürich, Amsterdam und Frankfurt. Diese fünf Finanzplätze kontrollieren zusammen ca. 89% der Auslandsgeschäfte in Europa. Allerdings ist Frankfurt eher national ausgerichtet.[45]

5. Der Finanzplatz Frankfurt

Frankfurt ist ein anderer Finanzplatz als London oder Paris. Diese beiden Städte sind die Hauptstädte ihres Landes und in ihren zentralisierten Ländern auch die wichtigsten Agglomerationen. Sie sind die beiden „Global Citys" in Europa und haben eine lange Tradition als bestimmendes Finanzzentrum ihres Landes. Frankfurt hingegen ist zwar auch das führende Finanzzentrum in Deutschland, jedoch ist hier der Abstand zu den anderen Städten nicht so groß.

In diesen Kapitel wird Frankfurt als Finanzplatz vorgestellt.

5.1 Historische Entwicklung

Die Entwicklung des Finanzplatz Frankfurt ist im Gegensatz zu Paris und London nicht kontinuierlich erfolgreich gewesen. Bei Frankfurt waren auch Rückschläge zu verzeichnen. Frankfurts Bankwesen steht in der Tradition der Messen und des Handels. Diese reichen bis in das Mittelalter zurück und beruhen auf die Verleihung der kaiserlichen Messeprivilegien aus den Jahren 1240 und 1330. Die erste Bank wurde im Jahre 1402 gegründet. Seinen Ruf als Messe – und Finanzstadt untermauerte Frankfurt mit der Gründung der ersten deutschen Börse 1585. Durch die Buchmesse wird Frankfurt bereits im 15. Jahrhundert zu einem kulturellen Zentrum.[46]

Bis zur zweiten Hälfte des 18. Jahrhunderts dient Frankfurts Geldpolitik zum einen zur Finanzierung des Handels und zur Finanzierung der im kleinstaatlich geprägten Deutschland zahlreich ansässigen Fürsten sowie von Territorien und Privatleuten.

---

[44] Vgl. Rebitzer, Internationale Steuerungszentralen, 1995,S. 145.
[45] Ders., S. 147.
[46] Vgl. Bördlein, Frankfurt als Zentrum...1995, S. 33.

Zum weiteren Ausbau des Finanzplatz Frankfurt bis zur Industrialisierung haben vor allem die Privatbankiers beigetragen. Einer der bekanntesten unter ihnen war wohl das Bankhaus Rothschild.[47]

Durch die Rothschilds wird Frankfurt internationaler und neben London, Paris und Wien zur Weltbörse. Unmittelbar nach der Gründung des deutschen Reiches 1871 beginnt der Abstieg des Finanzplatz Frankfurt. Mit der neuen Hauptstadt Berlin wird Deutschland nun zentralistisch regiert, also ähnlich wie in Frankreich mit dem Zentrum Paris. Die Entscheidungen werden nun in Berlin getroffen und diese Stadt übt auch eine Sogwirkung auf Investoren aus.[48]

Ein weiterer Grund liegt darin, dass die Frankfurter Bankiers die Möglichkeiten der einsetzenden Industrialisierung als zu gering eingeschätzt haben. Sie setzten somit weiter fast ausschließlich auf das Bank– und Kreditgeschäft. Außerdem gab es eine Abneigung gegen die Aktie als Mittel zur Geldbeschaffung.[49]

So fiel Frankfurt hinter Berlin als Finanzzentrum zurück. Durch die deutsche Niederlage im ersten Weltkrieg 1918 lag das Land wirtschaftlich am Boden und Frankfurt verlor seine internationalen Finanzbeziehungen. Die einsetzende Inflation tat sein übriges. Bis Ende des zweiten Weltkrieges 1945 blieb Frankfurts Bedeutung als Finanzzentrum weit hinter Berlin zurück..[50]

Nach dem Krieg begann der Aufstieg Frankfurts zu einem der größten europäischen Finanzplätze. Durch die zentrale Lage Frankfurts in den drei Westzonen und als Sitz des amerikanischen Hauptquartiers, für die amerikanische Zone, besaß die Stadt einen geographischen Standortvorteil. So wurde der bizonale Wirtschaftsrat 1947 hier eingerichtet. Zusammen mit den Engländern, und ab 1948 den Franzosen, koordinierten hier die Amerikaner die Wirtschaftspolitik.[51]

Dies war ein erster Schritt zur Wiedererlangung der alten Bedeutung. Ein weiterer stellte die Ansiedlung der Bank deutscher Länder 1948 dar. Sie war der Vorläufer der deutschen Bundesbank. Bedingt durch das in den 50er Jahren des 20. Jahrhunderts einsetzende Wirtschaftswunder erlebte der Finanzplatz Frankfurt einen massiven Aufschwung. Den hatte sie aber den Entscheidungen der Alliierten zu verdanken. Der Antrieb kam von ihnen.[52]

---

[47] Vgl. Schoeler, Frankfurt: Internationales..., 1994, S. 238ff.
[48] Ders. S. 239.
[49] Ders., S. 239.
[50] Ders., S. 240.
[51] Vgl. Bördlein, Frankfurt als Zentrum..., 1995, S. 34.
[52] Dies., Finanzdienstleistungen in..., 1999, S. 82.

In den folgenden Jahrzehnten wuchs das Banken– und Börsenwesen in der Stadt und es siedelten sich die Hauptsitze der verschiedenen Großbanken und Niederlassungen vieler in- und ausländischer Banken an. Ein weiterer Bedeutungszuwachs erhielt Frankfurt durch die Ansiedlung der Europäischen Zentralbank (EZB).[53]

5.2 Finanzplatz Frankfurt

Frankfurt ist heute das für Deutschland mit Abstand dominierende Finanzzentrum. Wie in den bereits beschriebenen Beispielen Paris und London hervorgehoben wird, wird auch hier klar, dass nur ein großes Finanzzentrum pro Land in Europa sich herausbilden kann. Frankfurt hat also dessen Platz ab 1945 von Berlin übernommen. Die Stadt zeichnet sich durch die Präsenz der deutschen Großbanken und 80% der in Deutschland vertretenen Auslandsbanken aus. Hamburg hat dagegen Mitte der 1990er Jahre nur knapp über 50 Auslandsbanken.[54]

Die folgende Karte[55] mit den Hauptsitzen der 100 größten Banken unterstreicht dies.

Hauptsitze der 100 größten Banken in Deutschland 1996

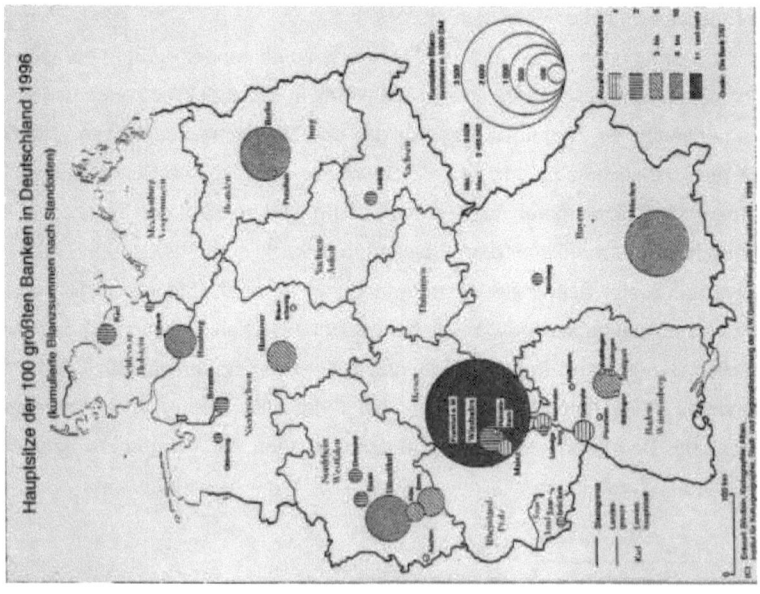

---

[53] Vgl. Bördlein, Finanzdienstleistungen in..., 1999, S. 82.
[54] Vgl. Pulm, Die Wettbewerbsfähigkeit des Finanzplatzes..., 1993, S. 10.
[55] Karte: Bördlein, Finanzdienstleistungen in Frankfurt..., 1999, S. 80.

Die Karte zeigt an, dass Frankfurt der mit Abstand größte Bankenplatz in Deutschland ist. Mehr als 11 Banken haben in der Stadt ihren Hauptsitz. Desweiteren weist Frankfurt auch mit 3,4 Billionen DM eine Bilanzsumme aus, die doppelt so hoch ist wie die von Berlin und München. Die wichtigsten Institutionen sind die EZB, die Deutsche Bundesbank, die Börse mit ihren verschiedenen Teilen, wie Terminbörse und Wertpapierbörse.[56]

In Frankfurt sind zur Zeit etwa 70.000 Personen im Finanzsektor tätig, davon allein 60.000 bei der Bundesbank und bei Geschäftsbanken. Sie bilden 15% der Gesamtbeschäftigten der Stadt. Dies liegt weit über dem Durchschnitt, der bei 3,8% anzutreffen ist.[57]

Die Karte[58] die Verteilung der Kreditinstitute in Frankfurt. Das engere Bankenviertel beschränkt sich auf die Ortsteile Westend-Süd, Bahnhofsviertel und die Innenstadt. Dazu kommt als entfernteres Viertel noch Bockenheim hinzu. Es umfaßt einen Radius von 1km. Der Finanzbereich ist für diese Viertel der entscheidende wirtschaftliche Sektor. Insgesamt prägt der Finanzsektor mit seinem Image das Bild der Stadt und die Banken mit den Wolkenkratzern die Skyline. Dieser Sektor hat in seiner Bedeutung für Frankfurt immer mehr zugenommen.[59]

Frankfurts Bürger bescheren der Stadt eine Steuereinnahme von ca. 1.500 Euro pro Person. Die Stadt ist somit auch der bedeutendste Wirtschaftsstandort des Landes Hessen, es wird durch Frankfurts Finanzkraft zu einem der reichsten Bundesländer und muss so in den Länderfinanzausgleich einzahlen. Frankfurt ist eine Drehscheibe für den internationalen Waren – und Personenverkehr.[60]

Ein Standortvorteil des Finanzplatz Frankfurt ist sicherlich die zentrale Lage in Westeuropa. Frankfurt ist durch den Rhein- Main- Flughafen, durch die Bahn, hier insbesondere aufgrund der neuen ICE Strecke und durch das dichte Autobahnnetz, sehr gut zu erreichen.[61]

Welche Chancen hat aber nun Frankfurt auf der internationalen Bühne? Um eine noch bedeutendere Stelle auf der internationalen Finanzdrehscheibe zu werden, müssen noch mehr ausländische Firmen, Banken und Finanzdienstleister nach Frankfurt kommen. Eine nicht unwesentliche Rolle spielt dabei die Stadt, das Umland

---

[56] Vgl. Bördlein, Finanzdienstleistungen in Frankfurt..., 1999, S. 87.
[57] Dies., S. 87.
[58] Karte: Bördlein, Finanzdienstleistungen in Frankfurt, 1999, S. 86.
[59] Dies., Frankfurt als Zentrum..., 1995, S. 38.
[60] Vgl. Welteke, Wirtschafts- und Finanzpolitik..., 1994, S. 48 u. 59.
[61] Vgl. Holtfrerich, Finanzplatz Frankfurt, 1998, S. 243ff

Die Frankfurter Innenstadt und die Verteilung der Kreditinstitute

(Karte: Bördlein, Finanzdienstleistungen, 1999, S.86)

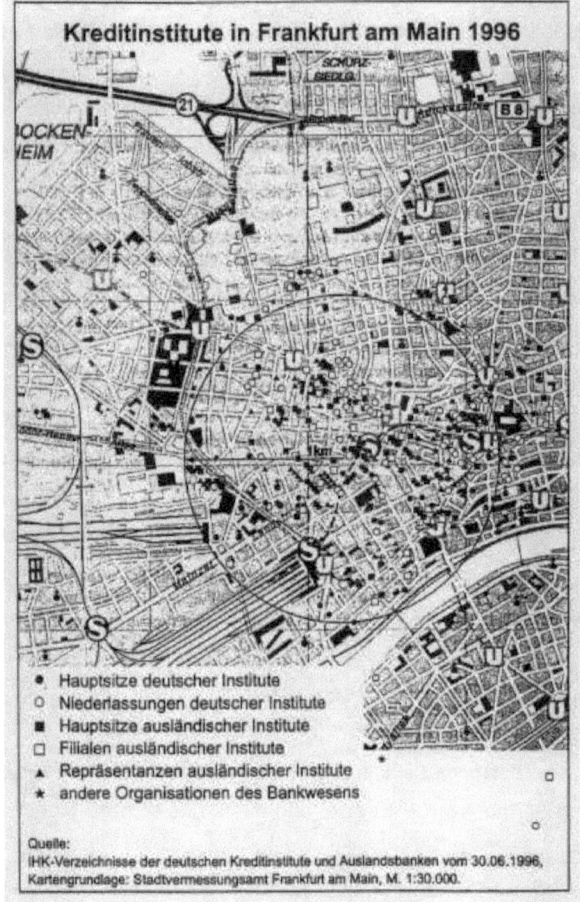

Kreditinstitute in Frankfurt am Main 1996

- ● Hauptsitze deutscher Institute
- ○ Niederlassungen deutscher Institute
- ■ Hauptsitze ausländischer Institute
- □ Filialen ausländischer Institute
- ▲ Repräsentanzen ausländischer Institute
- ★ andere Organisationen des Bankwesens

Quelle:
IHK-Verzeichnisse der deutschen Kreditinstitute und Auslandsbanken vom 30.06.1996,
Kartengrundlage: Stadtvermessungsamt Frankfurt am Main, M. 1:30.000.

sowie dessen Lebensqualität selber. Die Stadt ist im Vergleich mit Paris und London wenig international und kulturell arm.[62]

Eine Versetzung nach Frankfurt sieht ein Mitarbeiter einer ausländischen Bank eher als ein Rückschlag im Beruf an. Paris und London sind als Arbeitsplätze beliebter. Entscheidend sind hier die weichen Standortfaktoren, wie eine gute Adresse, ein a-däquates Umfeld für angelsächsische, gehobene Angestellte, Erfüllung internationaler Standards wie Theater usw. sowie attraktiver Wohnraum in der Innenstadt.[63] Finanzwirtschaftlich hat Frankfurt sicher einige Vorteile zu bieten. Ein großes Plus für Frankfurt ist sicher der Sitz der Europäischen Zentralbank in Frankfurt. Dies bringt gegenüber London, welches ja nicht zur Eurozone gehört, einen bedeutenden Wettbewerbsvorteil. Durch die EU- Osterweiterung werden neue ausländische Banken ihren Platz in Frankfurt suchen und deutsche Banken werden ihre Positionen in Osteuropa durch Zweigstellen ausbauen. Hier existiert sicher ein Wachstumsmarkt.[64]

Allerdings kommt es auch weiterhin zu Fusionen und Übernahmen von kleineren Banken durch die größere Konkurrenz aus dem In– und Ausland. Nur wenige Banken, wie z.b. die Deutsche Bank, können hier gegen die internationale Konkurrenz bestehen. Hier existiert natürlich auch eine Gefahr für die deutschen Banken und auch für den Standort Frankfurt.[65]

Auch im Bereich der Finanzdienstleistungen werden Arbeitsplätze abgebaut. Waren 1995 noch 751.000 Personen in diesem Sektor tätig, sollen es laut einer Studie ab 1996 aufgrund von Rationalisierungsmaßnahmen deutlich weniger sein. Dies ist auch so eingetroffen. Aufgrund der fortschreitenden Technisierung, hier sei besonders die Computertechnik genannt, wird Personal ersetzt.[66]

Insgesamt bleibt für Frankfurt das Resümee zu ziehen, dass die Wettbewerbsposition dieses Finanzplatzes in den letzten Jahren gestärkt wurde. Dies geschah durch die Einführung des Euro und der Europäischen Zentralbank, durch Deregulierung und Regulierungen wie das Finanzmarktförderungsgesetz und durch die technologische Entwicklung der Börse.[67]

In den Bereichen der Großbanken, Auslandsbanken und Terminbörse ist eine Einbindung in das globale Finanzsystem gelungen.

---

[62] Vgl. Engels u. Thießen, Die Chancen Frankfurts..., 1994, S. 275.
[63] Dies, S. 276.
[64] Vgl. Kohlhausen, Finanzplatz Frankfurt..., 1996, S. 85ff.
[65] Vgl. Bördlein, Finanzdienstleistungen in Frankfurt..., 1999, S. 88ff.
[66] Dies., S. 88ff.

6. Der Finanzplatzwettbewerb in Europa

In einer Welt der Globalisierung zeigen alle großen Industrienationen das gleiche Muster auf. Alle Länder konzentrieren sich auf ein großes Finanzzentrum in ihren Land. Neben den drei hier beschriebenen sind das New York für die USA, Amsterdam in den Niederlanden, Toronto in Kanada, Zürich in der Schweiz, Tokio in Japan und Sydney in Australien. Es muss nicht immer die Landeshauptstadt sein, die zum Zentrum wird.[68]

In Westeuropa existieren mehr als 50 Wertpapierbörsen. Die folgende Karte[69] zeigt die wichtigsten mit ihren Verflechtungen innerhalb des jeweiligen Landes auf.

Standorte der europäischen Wertpapierbörsen

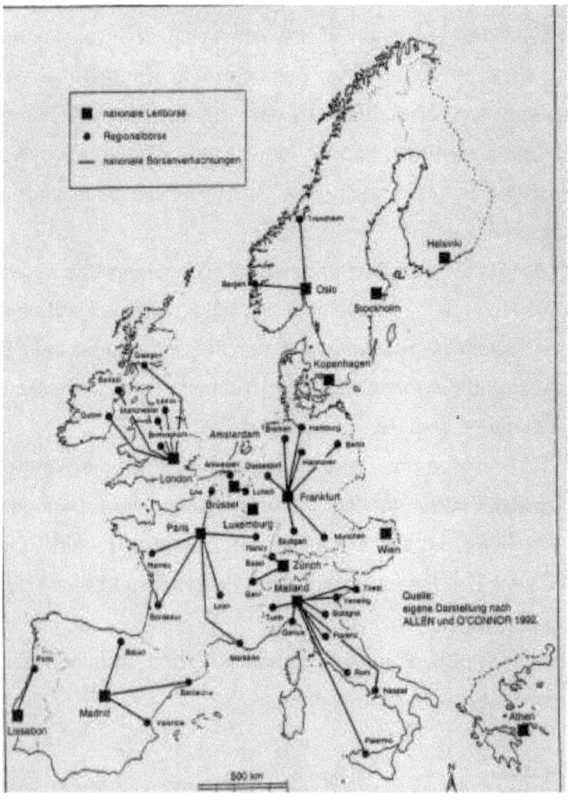

---

[67] Vgl. Lo u. Schamp, Finanzplätze auf globalen Märkten..., 2001, S. 28.
[68] Vgl. Sassen, Metropolen des Weltmarktes, 1997, S. 123.
[69] Karte: Rebitzer, Internationale Steuerungszentralen, 1995, 157.

Diese Börsen weisen Unterschiede in ihrer historischen Entwicklung auf, bei der Geschäftsabwicklung, im Börsen – und Steuerrecht sowie bei der Zulassung von Wertpapieren und Händlern. Gemeinsam haben sie das Raummuster und die Reichweite. Jedes Land hat eine nationale Leitbörse mit wichtigen internationalen Verbindungen. Die Leitbörse liegt meist in der Hauptstadt oder dem wichtigsten Wirtschaftszentrum. Die Leitbörsen sind mit kleineren Börsen in untergeordneten Finanzzentren des jeweiligen Landes verflechtet.[70]

In Europa gibt es also gleich mehrere bedeutende Finanzplätze für einen Wirtschaftsraum, welche durch die EU immer mehr zusammenwachsen. Es ist die Frage, ob es daher zu einem großen europäischen Finanzplatz kommen kann. Diese Rolle wäre wohl London vorbehalten. Dies ist wegen der Abwesenheit von der Eurozone aber nicht so einfach möglich. Daher stellt sich die Frage, ob Frankfurt zu einem Finanzplatz für Europa werden kann. Nun, die Ansiedlung der Europäischen Zentralbank hat Frankfurt in dieser Hinsicht sicher nach vorne gebracht. Auch die Deutsche Börse AG arbeitet verstärkt elektronisch und durch Fusionen international.[71]

Die Terminbörse Eurex hat seit ihrer Gründung 1998 ihr Londoner Pendant überholt. Auch in Frankfurt werden zunehmend Versicherungen am Kapitalmarkt aktiv und auch die Auslandsbanken bauen ihre Positionen aus. Weiter ist eine wachsende Verflechtung zwischen London und Frankfurt zu beobachten.[72] So wollten sich die Wertpapierbörsen London und Frankfurt im Jahre 2000 zum größten Aktienmarkt Europas zusammenschließen und den Namen IX tragen (International Exchange).[73]

Ein weiterer Pluspunkt für Frankfurt im Wettbewerb ist sicher der neue Markt und die Tatsache, dass der Aktienmarkt noch steigerungsfähig ist. Ob Frankfurt aber mit London gleichziehen oder gar überholen kann bleibt abzuwarten.

Eine entscheidende Frage ist die Auswirkung einer gemeinsamen Währung auf die europäischen Finanzzentren. Diese liegen in Europa allesamt im Bereich der EU. Die übrigen sind in ihrer Bedeutung kaum relevant. Die gemeinsame Währung bietet wohl einem Finanzplatz das Potential, den gleichen Rang einzunehmen wie ihn New York in den USA besitzt.[74] Die USA sind der EU in Hinblick auf die Struktur und Stärke als Wirtschafts– und Finanzplatz durchaus ähnlich.

---

[70] Vgl. Rebitzer, Internationale Steuerungszentralen, 1995, S. 155.
[71] Vgl. Welteke, Finanzplatz Deutschland..., 2000, S. 165.
[72] Ders., S. 165.
[73] o. V., Größter Aktienmarkt Europas, 2000, S. 1.
[74] Vgl. Storck, Globalisierung und EWU, 1998, S. 246.

Das Problem ist hier allerdings das die EZB (Europäische Zentralbank) ihren Sitz in Frankfurt hat und London als der führende Finanzmarkt nicht an der Währungsunion teilnimmt. Wie bereits erwähnt, könnte Frankfurt als EZB- Sitz die Chance nutzen und zur Drehscheibe für den Euro Geldmarkt werden.[75]

Durch die Europäische Währungsunion (EWU) erhalten mittelfristig auch die europäischen Aktienmärkte Impulse. Durch den Wegfall von Währungsrisiken ist die Möglichkeit an Anlagealternativen gestiegen. Der europäische Markt ist natürlich nun auch für Anleger aus den USA und Japan attraktiver geworden. Auch Privatanleger werden künftig längerfristig an der Börse anlegen. London ist hier wohl für internationale Anleger in Zukunft uninteressanter. Frankfurt könnte hier jedoch von der technologischen Führungsrolle der Deutschen Terminbörse profitieren.[76]

Den Devisenhandel hat London schon vor der Währungsunion mit einem Marktanteil von weltweit 30% beherrscht. Auch die internationale Verwendung der D- Mark profitierte London, konnten doch 1995 ein Drittel der weltweiten Umsätze in diesem Finanzbereich verbucht werden. Dies entsprach dem dreifachen Umsatz von Frankfurt. Die Marktführerschaft Londons könnte sich durch die Konzentration auf die Paritäten Dollar/ Euro und Yen/ Euro durchaus noch verstärken.[77]

Falls also ein europäischer Finanzplatz mit New York gleichziehen kann, käme hier nur Frankfurt mit dem Sitz der EZB oder London als derzeit größter Finanzplatz in Europa in Frage. Was für Folgen wird die Expansion der internationalen Finanzmärkte haben? Durch die Beseitigung von Hemmnissen im internationalen Kapitalverkehr sind die Finanzmärkte liberaler geworden. Die Probleme dieser Liberalisierung bestehen in den hohen Kursschwankungen an der Börse und auf dem Kapitalmarkt. Einzelne Unternehmen brechen zusammen, dies zieht hohe Kosten (Arbeitslosigkeit, Kaufkraftverlust) nach sich. Desweiteren wird der Spielraum für die nationale Wirtschafts – und Finanzpolitik eingeengt.[78]

Zur Unterbindung der Preis – und Kursvolatilitäten müssen größere Mengenvolatilitäten zur Verfügung stehen um diese zu beseitigen. Spekulationen sind im Grunde nicht zu vermeiden, eine Verminderung kann durch eine transparente Wirtschaftspolitik erfolgen. Um Großunternehmen vor Zusammenbrüche zu schützen ist mehr Kon-

---

[75] Vgl. Storck, Globalisierung und EWU, 1998, S. 248ff.
[76] Ders., S. 249.
[77] Ders., S.249.
[78] Vgl. Sauernheimer, Ursachen und Folgen..., 1997, S. 80.

trolle und Transparent erforderlich. Die Wirtschaftspolitik entzieht sich heute immer mehr der Kontrolle und Gestaltungsmöglichkeit der Politik.[79]

7. Fazit

Die Finanzplätze London, Paris und Frankfurt sind im Grund sehr unterschiedlich. Sie haben heute eine unterschiedliche Bedeutungsschwere in Europa und hatten diese auch in früheren Zeiten bereits inne. London hat seine weltweite Spitzenposition seit den Anfängen Großbritanniens als Weltmacht bis in die heutige Zeit gehalten und mußte seinen ersten Rang erst in den 1980er Jahren an New York abtreten. Paris konnte aufgrund seiner historisch bedingten Rückschläge (Niederlagen in Kriegen) nie die Bedeutung Londons erlangen. Dennoch zählt die Stadt als Zentrum Frankreichs zu den drei bedeutendsten Finanzplätzen in Europa. Als dritte Stadt wurde Frankfurt betrachtet. Frankfurt hatte eine wechselvollere Geschichte. Die Stadt war bereits im Mittelalter als Handelsplatz bedeutsam und blieb dies in Deutschland auch bis zur Reichsgründung. Dann gab es einen Bedeutungsverlust als Finanzzentrum und erst ab 1945 konnte die Stadt dank alliierter Entscheidungen ihre Bedeutung zurückgewinnen und zu einem der größten Finanzplätze Europas werden. Ob einer der drei Plätze durch die Währungsunion bedeutsamer wird und der Weltweit größte Finanzplatz werden kann, bleibt abzuwarten. In einer Welt der Globalisierung und der offenen Finanzmärkte ist zur Zeit vieles möglich, aber auch die Risiken sind größer geworden. Nur eines scheint klar zu sein: Die Einfluß – und Gestaltungsmöglichkeiten der Politik gehen zurück.

---

[79] Ders. S. 81.

8. Literatur

Beer, S.: Die wichtigsten Börsen Europas. Stuttgart 1992.

Bördlein, R.: Frankfurt als Zentrum hochrangiger Dienstleistungen: „Das Beispiel des Finanzbereichs". – In: Meyer, G. (Hrsg.): Das Rhein– Main- Gebiet. Aktuelle Strukturen und Entwicklungsprobleme. Mainzer Kontaktstudium Geographie 1. Mainz 1995, S. 29 – 43.

Dies.: Finanzdienstleistungen in Frankfurt am Main. „Berichte zur deutschen Landeskunde 73". 1999. H. 1, S. 67 – 93.

Brücher, W.: Zentralismus und Raum. Das Beispiel Frankreich. Stuttgart 1992.

Bryan, L. u. Farrell, D.: „Der entfesselte Markt. Die Befreiung des globalen Kapitalismus". Wien 1997.

Bülow, W. v. u.a. Hrsg.: „Globalisierung und Wirtschaftspolitik". Marburg 1999.

Büschgen, H. E. (Hrsg.): „Finanzplatz Deutschland an der Schwelle zum 21. Jahrhundert". Frankfurt a. M. 1998.

Büttner, H. u. Hampe, P.: „Die Globalisierung der Finanzmärkte. Auswirkungen auf den Standort Deutschland". Tutzinger Schriften zur Politik 4. Mainz, München 1997.

Dietl, H. u. a.: „Internationaler Finanzplatzwettbewerb. Ein resourcenorientierter Vergleich". Wiesbaden 1999.

Drennan, M. P.: "The dominance of international finance by London, New York and Tokyo". – In: P. W. Daniels u. Lever, W. F. (Hrsg.): The global economy in transition. Harlow 1996, S. 352 – 371.

Eade, J.: Placing London. From Imperial Capital to Global City. London 2000.

Engels, W. u. Thiessen, F.: „Die Chancen Frankfurts im Vergleich zu den großen Finanzplätzen der Welt". – In: Landesbank Hessen– Thüringen (Hrsg.): Finanzplatz Frankfurt. Frankfurt 1994. S. 255 – 279.

Fuchs, M.: „Globalisierung und Finanzmarktentwicklung – Ein Thema auch für den Geographieunterricht." – In: Erdkundeunterricht, 1997, H. 9, S. 310 – 315.

Gaebe, W.: „Die Dynamik der internationalen Bank – und Finanzzentren. Das Beispiel London". – In: Frankfurter Geographische Hefte, Bd. 58. Frankfurt a. M. 1989. S. 43 – 70.

Gayler, H.: Geographical Excursions in London. Lanham 1996.

Haller, G.: „Rahmenbedingungen für einen international wettbewerbsfähigen

Finanzplatz". – In: Landesbank Hessen– Thüringen (Hrsg.): Finanzplatz
Frankfurt. Frankfurt 1994. S. 35 – 47.

Harrschar – Ehrnborg, S.: „Finanzplatzwettbewerb in Europa – London, Paris und
Frankfurt". Research Paper, Center for Financial Studies, Frankfurt 2001.
(noch nicht erschienen)

Heineberg, H.: „Großbritannien. Raumstrukturen, Entwicklungsprozesse,
Raumplanung". Gotha 1997.

Hoggart, K. u. Green, D.: London. A new metropolitan geography. London 1991.

Hölterhoff, H.: „Ursachen und Folgen der Expansion internationaler Finanzmärkte in
einer globalisierten Weltwirtschaft". – In: Büttner, H. u. Hampe, P.
(Hrsg.): Die Globalisierung der Finanzmärkte. Mainz 1997. Tutzinger Schriften
zur Politik 4. S. 87 – 104.

Holtfrerich, C. L.: „Finanzplatz Frankfurt". München 1999.

Kiehling, H.: Finanzplatz Europa. München 1992.

Kohlhausen, M.: „Finanzplatz Frankfurt im internationalen Wettbewerb". – In:
Schmalenbach – Gesellschaft – Deutsche Gesellschaft für Betriebswirtschaft e. V. (Hrsg.): Globale Finanzmärkte. Berlin 1995. S. 83 – 90.

Krebs, H. – P.: ,,Global Finance" – Überlegungen zu einem komplexen, aber be-
deutsamen Thema. – In: Memo – Forum 23, 1995, S. 38 – 52.

Lo, V. u. Schamp, E. W.: „Finanzplätze auf globalen Märkten – Beispiel
Frankfurt/Main". – In: - Geographische Rundschau, 53.Jg., 2001, H. 7 – 8,
S. 26 – 31.

Maier, J. u. Wackermann, G. (Hrsg.): „Frankreich – ein regionalgeographischer
Überblick". Darmstadt 1990.

Nuhn, H.: „Globalisierung und Regionalisierung im Weltwirtschaftsraum".
– In: Geographische Rundschau, 49. Jg., 1997, H. 3, S. 136 – 143.

Paciane, M.: Britains Citys. London 1997.

Pletsch, A.: Frankreich. Darmstadt 1997.

Ders.: Paris auf sieben Wegen. Ein geographischer Reiseführer. Hannover
2000.

Pulm, J.: „Die Wettbewerbsfähigkeit des Finanzplatzes Frankfurt im
internationalen Vergleich". Frankfurt a. M. 1993.

Rahlf, T.: "Herausbildung und historische Entwicklung von Finanzmärkten"
– In: Gutmann, G. u. a. (Hrsg.): Finanzmärkte. Stuttgart 1999. Schriften zu

Ordnungsfragen der Wirtschaft Band 58. S. 3 – 24.

Rebitzer, D. W.: „Internationale Steuerungszentralen. Die führenden Städte Im System der Weltwirtschaft". Nürnberger Wirtschafts– und Sozialgeographische Arbeiten. Nürnberg 1995.

Sauernheimer, K.H.: „Ursachen und Folgen der Expansion internationaler Finanzmärkte. – In: Büttner, H. u. Hampe, P. (Hrsg.): Die Globalisierung Der Finanzmärkte. Mainz 1997. Tutzinger Schriften zur Politik 4, S. 69 – 85.

Sassen, S.: "The Global City: New York, London, Tokyo". Princeton, N. Y. 1991.

Dies.: „Metropolen des Weltmarktes. Die neue Rolle der Global Citys". Frankfurt a. M., New York 1997.

Dies.: „Machtbeben". Stuttgart München 2000.

Schoeler, A.v.: „Frankfurt: Internationales Finanzzentrum mit Geschichte". – In: Landesbank Hessen– Thüringen (Hrsg.): Finanzplatz Frankfurt. Frankfurt 1994. S. 235 – 253.

Storck, E.: „Globalisierung und EWU". Der Europamarkt als Finanz – Dreh scheibe der Welt. München 1998.

Tietmeyer, H.: „Globale Finanzmärkte und Währungspolitik". – In: Schmalen- bach - Gesellschaft – Deutsche Gesellschaft für Betriebswirtschaft e.V. (Hrsg.): Globale Finanzmärkte. Stuttgart 1996. S. 3 – 13.

Voppel, G.: „Britische Inseln. England, Wales, Schottland, Irland". Dortmund 19995.

Welteke, E.: „Wirtschafts- und Finanzpolitik für einen internationalen Finanz platz". - In: Landesbank Hessen – Thüringen (Hrsg.): Finanzplatz Frank- furt. Frankfurt 1994. S. 49 – 63.

Ders.: „Finanzplatz Deutschland – Finanzplatz für Europa?" – In: Die Bank, 2000, H. 3, S. 164 – 166.

o. V.: „Frankreich. Banken und Versicherungen". 26.02.02, online im Internet: http://www.france.diplomatie.fr./france/de/eco/eco10.html

o. V.: „Zwischen Ural und Gibraltar".- In: Der Tagesspiegel (Hrsg.): Ifo: London bleibt führender Finanzplatz. 25. Januar. 1998.

o. V.: „Trends. Karten im Finanzpoker werden neu gemischt". – In: Der Tagesspiegel (Hrsg.): 5. Juli 1998.

o. V.: „Größter Aktienmarkt Europas. Börsen in London und Frankfurt fusionie ren". – In: Der Tagesspiegel (Hrsg.): 4. Mai. 2000.

o. V.: „Größter Aktienmarkt Europas. Der Finanzplatz London vereint. Tradition und Internet. – In: Der Tagesspiegel (Hrsg.): 4. Mai. 2000.

o. V.: Börsenfusion. Frankfurt will keine Filiale von London werden. – In: Tagesspiegel (Hrsg.): 20. Mai. 2000.

o. V.: „Superbörse" i X. Börsen Frankfurt und London legen Fusionsbericht vor. – In: Der Tagesspiegel (Hrsg.): 17. Juli. 2000.

Atlanten: Dierke Weltatlas. Braunschweig 1996.

Die Schwarz markierten Titel wurden in der Arbeit verwendet.